Stanislas Meunier

La Physiologie
de la terre

Science

ISBN : 978-1981852970

10 9 8 7 6 5 4 3 2 1

Stanislas Meunier

La Physiologie
de la terre

Science

Table de Matières

Section I

L'une des tendances les plus caractéristiques de la science moderne est de substituer partout les idées de filiation, de transformation progressive des choses, à l'ancienne doctrine de l'indépendance mutuelle et de la fixité des formes. C'est l'évolution opposée à l'incohérence, et dans nulle direction sans doute, les bienfaits de la nouvelle méthode n'ont été plus immédiatement tangibles, et plus évidents qu'en géologie ; nulle part le renouvellement de la science n'a été plus radical et plus complet.

Tout le monde sait le magistral tableau tracé par Cuvier des vicissitudes antéhistoriques traversées, selon lui, par notre planète, et, même encore aujourd'hui, après la preuve si complètement faite que les événements ne se sont point accomplis comme le supposait l'auteur du *Discours sur les révolutions du globe*, il est impossible d'échapper à la séduction de cette grande conception si magnifiquement exprimée.

Mais, si chacun de nous a pris plaisir à la lecture des pages de Cuvier et même si personne n'ignore les protestations qu'elles ont soulevées sitôt parues, il n'est pas inutile de faire remarquer que l'abandon de la doctrine cataclysmienne au profit d'une opinion toute différente a été surtout le résultat de son prodigieux succès. Ses partisans, éblouis par les envolées du maître, préoccupés de leur fournir des appuis nouveaux, sont bientôt tombés dans des exagérations qui ont frappé tous les yeux.

La supposition d'une grande « révolution » coupant l'histoire de la terre en deux portions et se déchaînant peu après l'apparition des hommes qui en auraient gardé le souvenir, a semblé à tout le monde pleinement justifiée. Même, on admit sans trop de peine que plusieurs cataclysmes analogues avaient précédé celui-là. Mais bientôt on reconnut que chaque époque géologique a ses fossiles propres : et c'est la grande découverte simultanément faite par Brongniart et par Smith, découverte qu'on peut regarder comme fournissant à la géologie tout entière l'un de ses fondements principaux.

Alcide d'Orbigny s'est rendu célèbre par le soin qu'il a pris de définir, par les vestiges organiques qui sont enfouis dans le sol, chacune des époques géologiques. Dans son *Cours élémentaire de paléontologie et de géologie stratigraphiques*, il a résumé en quelques lignes le point essentiel qui lui semblait démontré : « Une première création, dit-il, s'est montrée avec l'étage silurien. Après l'anéantissement de celle-ci par une cause géologique quelconque, après un laps de temps considérable, une seconde création a eu lieu dans l'étage dévonien ; et successivement vingt-sept fois des créations distinctes sont venues repeupler toute la terre de ses plantes et de ses animaux, à la suite de chaque perturbation géologique qui avait tout détruit dans la nature vivante. Tel est le fait, le fait certain, mais incompréhensible, que nous nous bornons à constater, sans chercher à percer le mystère surhumain qui l'environne. »

Cela était écrit en 1849 et l'opinion de d'Orbigny était partagée par tout le monde ; il semblait qu'elle fût définitive. Les progrès de la paléontologie montrèrent peu à peu qu'elle était complètement inacceptable. Des études de détail firent voir que les vingt-sept créations successives ne suffiraient pas à expliquer les faits observés ; dans chaque région, on constata des apparitions et des disparitions subites de formes, en pleine épaisseur de formations bien homogènes, et bientôt des savants de premier ordre, entraînés par une réaction nécessaire s'élevèrent contre la doctrine en vogue. Selon le conchyliologue Deshayes, « il est plus facile de comprendre une création qui, une fois commencée, un plus une seule interruption Que de concevoir ces sortes de tables rases plusieurs fois répétées, à la suite desquelles de nouveaux efforts ont amené une nouvelle création, et une création toujours plus nombreuse, toujours plus parfaite, que celle qui a précédé. »

Il importe de remarquer que ce point de vue ne resta pas relatif exclusivement à l'histoire des phénomènes biologiques : on l'étendit, par la force des choses, aux manifestations de tous genres de l'activité géologique. On reconnut à chaque époque un ensemble de traits correspondant à ceux des époques différentes et à ceux de l'époque actuelle en particulier.

Ainsi pour chacune de ces coupures de l'histoire de la terre, on admit qu'il y a eu des mers et des continents, des montagnes et des éruptions de roches, des démolitions et dés édifications de terrains, etc. Seulement, on fit encore ici une distinction imprévue et dont la singularité mérite d'être signalée.

On posa en fait que les moyens par lesquels la nature avait accompli ces travaux dans les temps géologiques diffèrent par leur essence des procédés qu'elle met en œuvre sous nos yeux. Cette distinction est étrange, et c'est une question de savoir si on a jamais remarqué qu'elle constitue au propre une faute injustifiable de raisonnement.

En effet, Cuvier, l'illustre chef du cataclysmisme qui insiste sur l'énergie comparative des actions anciennes, est le même qui reconstitue les anciennes faunes. Il ne pense pas un instant à attribuer aux animaux éteints une autre physiologie qu'aux animaux d'à présent et même, dans une série de circonstances, il s'attache à montrer que, malgré leur antiquité, les bêtes fossiles devaient avoir des analogies de mœurs et de manière d'être avec les membres de la faune actuelle. Or, comment concilier deux conclusions si différentes et concevoir des êtres si ressemblants dans des milieux si différents ? On dirait qu'on n'a jamais pensé à ce contraste et, dans tous les cas, personne ne s'y est arrêté.

Quoi qu'il en soit, voici, par la force des observations directes, chaque période mise en possession de tout l'ensemble des mécanismes en fonction sous nos yeux, et c'est ainsi que prend position, en face de la doctrine de Cuvier, l'Ecole dite actualiste, dont le vrai fondateur est notre compatriote Constant Prévost, bien qu'on soit plus généralement porté à en faire honneur à l'Anglais Charles Lyeil. Certes, Lyell a, dans ce genre d'études, rendu un immense service, et on sait combien les idées saines qu'il a prêchées ont gagné à la manière alerte et agréable dont il a su les exposer. Toutefois, il ne faut pas oublier que Constant Prévost a sur Lyell ces deux supériorités : de l'avoir devancé et d'avoir conçu une théorie bien plus large et bien plus féconde que la sienne. C'est seulement à la forme peu séduisante de son enseignement qu'il faut attribuer l'état d'oubli relatif dans lequel on l'a maintenu trop longtemps.

D'après Constant Prévost, les diverses périodes géologiques se ressemblent très intimement par l'ensemble des phénomènes qui s'y sont produits, et les différences principales des unes aux autres tiennent à l'âge inégal du milieu pour chacune d'elles.

La résistance contre l'actualisme a été des plus énergiques, même parfois désespérée, et il est facile de montrer que beaucoup de géologues du plus grand mérite sont encore portés à attribuer aux agents des temps passés des qualités toutes spéciales.

Il en est, par exemple, qui pensent que l'atmosphère a présenté une composition exceptionnelle : ainsi, à l'époque carbonifère, elle aurait été beaucoup plus riche en acide carbonique qu'elle ne l'est aujourd'hui ; et c'est tout au plus si l'on consent à reconnaître que la physiologie de végétaux intimement comparables aux nôtres ne saurait s'accommoder de doses quelconques de ce gaz. D'autres sont d'avis qu'à un certain moment, d'ailleurs peu éloigné de nous (relativement et selon la chronométrie géologique), la plus grande partie de la surface terrestre était recouverte de gigantesques glaciers dont l'*inlandsis* groenlandais n'est qu'une reproduction très amoindrie. De même, plus d'un auteur est porté à penser que les fleuves et les autres cours d'eau ont eu primitivement des dimensions bien des fois supérieures à celles que nous leur voyons actuellement et expliquent par leur moyen la production, en un temps très court, des accidents de la surface du sol dans un grand nombre de régions. Il y en a qui n'hésitent pas à doter telle ou telle mer géologique de compositions chimiques très anormales, sous le prétexte que des roches, appartenant à ces périodes par leur position dans la série générale des terrains, renferment des substances particulières : ainsi, la mer sénonienne aurait eu des eaux chargées de phosphate de chaux ; les flots de la mer toarcienne étaient ferrugineux au point que le test des coquilles qui gisent sur son fond s'est trouvé formé de limonite ; l'océan permien, étendu sur des régions qui sont devenues la Thuringe, renfermait des dissolutions de substances toxiques, depuis l'arsenic et l'antimoine jusqu'au plomb, au cuivre et au mercure, en telle quantité que ses poissons nombreux et variés ont été subitement empoisonnés, etc.

On le voit, les anciennes hypothèses sont encore bien loin d'avoir fait place partout à la doctrine actualiste et l'on expliquerait bien des théories singulières par le mélange, à l'insu de leurs auteurs, de conceptions difficiles ou même impossibles à concilier.

Section II

Mais, quoique la doctrine actualiste constitue un progrès marqué sur les suppositions antérieures, en faisant disparaître de l'histoire de la Terre une différence radicale entre le passé et le présent, elle est cependant loin d'exprimer complètement la réalité des phénomènes, et cette réalité, pour qui la contemple avec un esprit suffisamment dégagé des préjugés d'école, présente un magnifique spectacle.

Non seulement les différentes époques géologiques se reproduisent dans les grandes lignes et parfois même jusque dans des détails très intimes, mais la profondeur des assises du sol est le théâtre d'une activité incessante et qui produit, au cours des temps, des modifications intenses dans les formations anciennes.

A première vue, les masses rocheuses nous donnent l'impression de l'immobilité et de la mort, et leur contraste nous semble complet avec les corps organisés : si ces derniers font naître en notre esprit l'idée du changement sans trêve et de la transformation toujours recommencée, nous associons instinctivement les autres à la notion de la stabilité définitive. Quel est le poète dont la muse n'a pas, à son heure, évoqué l'inaltérabilité du roc, la pérennité de la montagne, pour l'opposer à l'éphémère durée de chacun de nous et de l'humanité tout entière ? Et cependant, rien de plus fragile que les roches, qui se modifient aussi- profondément et aussi activement que les animaux ou les plantes, en tenant compte bien entendu d'une chronométrie spéciale qui ne saurait s'accommoder de nos unités ordinaires.

En poursuivant dans cette voie, on constate même que ces altérations sont mutuellement associées de façon à réaliser des cycles de transformations, dont l'analogie avec les phénomènes caractérisant la physiologie proprement dite ne peut manquer de nous frapper beaucoup.

Voilà qui mérite évidemment de nous arrêter un moment.

Un premier exemple, lié aux faits précédemment rappelés, concerne les rapports réciproques des générations successives de terrains. Nous avons dit qu'il s'est fait de tous temps des formations correspondantes à celles d'aujourd'hui : la mer déposant des galets, des sables et des limons, qui se sont distribués les uns par rapport aux autres dans les mêmes situations relatives. Mais ces terrains stratifiés ont toujours été édifiés avec de la matière empruntée à des roches plus anciennes, et c'est la même substance en somme qui a pris place dans l'économie des couches successives : ce qui rappelle la communauté de matière entre les générations organisées qui se sont remplacées les unes les autres.

Il y a même plus : par suite d'une disposition dont l'explication nous échappe, certaines matières de première nécessité pour les manifestations biologiques, la chaux par exemple, sont en proportion relativement très faible et chaque époque est contrainte de l'aller glaner au sein des roches antérieures qui, peu à peu, et en raison même de leur âge, en sont appauvries, puis privées tout à fait. L'agent de cette circulation, c'est l'eau pourvue d'une proportion convenable d'acide carbonique. Elle s'infiltre dans le sol, y dissout çà et là les particules calcaires et les ramène au jour, soit dans les régions exondées où des travertins sont édifiés, parfois avec le volume de collines entières, soit dans la mer où les animaux de tous genres arrêtent au passage la précieuse matière, pour l'incorporer dans leur squelette, dans leur coquille ou dans leur carapace. Et comme cette dissection des roches peut se continuer indéfiniment, que les vieilles assises l'ont éprouvée parfois pendant des périodes entières, les sédiments des premiers âges sont peu à peu décalcifiés et on voit, en certains pays comme le Canada ou le pays de Galles, les formations paléozoïques presque entièrement réduites à des schistes et à des grès. Comme conséquence de la perte de matière, subie par le sous-sol en raison des faits précédents, il faut nécessairement admettre des déplacements dans les éléments restants, des arrangements nouveaux qui, à leur tour, deviennent les moteurs d'actions nouvelles. Et, parmi celles-ci, on pourrait en mentionner qui, au lieu de faire éprouver au terrain déjà constitué une simple soustraction de substance, y réalisent la substitution, aux éléments arrachés, d'éléments de nature différente.

Voici une disposition bien souvent réalisée : des assises de roches diverses contiennent de petits grains d'un minéral jaune d'or fort commun et connu de tout le monde sous le nom de pyrite de fer. Des eaux de pluie pénètrent dans le sol et, par l'air qu'elles ont dissous en traversant l'atmosphère, attaquent ce composé métallique. Elles en font du sulfate de fer qui, en quantité aussi faible qu'on voudra, s'en ira au fil des courants souterrains jusqu'à la rencontre de points où une raison spéciale le contraindra à se fixer. Cette raison, ce sera d'habitude la présence de particules calcaires, et à ce titre le phénomène se rattache directement à celui que nous avons déjà décrit. Le fer sera alors immobilisé et il s'accumulera peu à peu de façon à constituer avec le temps tout un gisement métallique. Même si la solution ferrugineuse était diluée au point de ne révéler son métal qu'aux prix d'une analyse délicate, elle procédera à l'enrichissement progressif du gîte considéré et c'est le secret de bien des formations singulières au point de vue minéralogique. Tout récemment, au cours des travaux relatifs au chemin de fer métropolitain, on s'est trouvé en présence, sous la place de la Concorde, d'un amas volumineux de minerai de manganèse, entièrement constitué par la circulation, continuée pendant des siècles, d'eaux très faiblement manganésifères, au contact de roches précipitantes convenables.

Il était nécessaire d'insister sur ce sujet, car il nous prépare à reconnaître l'une des particularités les plus notables de cette activité souterraine : c'est qu'avec le temps, elle peut remanier la substance d'une formation donnée, au point de ne rien laisser subsister des éléments originels, si bien que rien dans la roche n'est plus de l'âge de son dépôt.

Il faudra y revenir plus loin ; pour le moment, faisons remarquer que, si l'on se pénètre bien des conditions exigées par les phénomènes précédents, on sera tout à fait préparé à reconnaître dans chaque couche du sol, à côté de traits originels persistants, une foule de détails acquis qui peuvent être de tous les âges, et c'est ainsi que, petit à petit, se fait accepter la considération d'une vraie physiologie tellurique.

Celle-ci, d'ailleurs, prendra toute sa valeur si nous arrivons à la rattacher aux centres d'activité où les phénomènes vont puiser l'énergie qu'ils mettent en œuvre, et leur recherche, pleine d'intérêt, fera éclater du même coup à nos yeux une foule d'harmonies naturelles.

Section III

La masse terrestre a été pourvue dès son origine d'une certaine somme de force vive, qui depuis lors, et à la faveur de transformations plus ou moins compliquées, va en se dissipant vers les espaces cosmiques. C'est dans ce fait initial que se trouve le moteur des actions intimes dont nous avons déjà un aperçu. Les effets en sont ordonnés de telle façon qu'ils paraissent émaner d'un foyer placé au centre du globe, et consistent, les uns en une attraction dont le principe est la pesanteur, les autres en une action centrifuge dont la cause est la chaleur. Toutefois, un complément notable d'énergie vient contribuer à beaucoup de phénomènes superficiels, et ce complément a son origine et sa source dans l'activité du soleil.

Pour comprendre comment ces centres d'action interviennent dans l'économie terrestre, il est indispensable d'ajouter qu'ils se manifestent à l'aide d'appareils particuliers. Le globe jouit d'une anatomie très strictement réglée et les masses qui y sont associées suivant une disposition très précise, y remplissent au propre le rôle des tissus dans les organismes. De sorte que les réactions mutuelles de ces tissus juxtaposés donnent facilement lieu à des circulations régulières des éléments fluides de l'ensemble, avec production d'effets complémentaires qui se neutralisent réciproquement, et qui permettent, par des changements indéfiniment répétés, la persistance d'un état d'équilibre mobile, offrant, lui aussi, bien des ressemblances avec l'état des choses dans le monde de la biologie. Il se trouve même que les tissus de la planète se groupent en maintes circonstances, pour composer des appareils nettement définis par un rôle physiologique spécial. L'écorce du globe est dans ce cas, et, par sa situation à la fois séparative et conjonctive entre les laboratoires internes et l'atmosphère, elle préside à une série de réactions qui se signalent au premier chef par les caractères précédemment indiqués. Les zones fluides superficielles en font autant et on conçoit l'étude distincte de la fonction atmosphérique et de la fonction océanique, comme on conçoit, pour les animaux, l'étude de la fonction circulatoire et de la fonction respiratoire.

Parfois même des organes se précisent de façon à se prêter à une vraie étude anatomique.

Le volcan peut être cité comme un type dans cette série, et avec lui le glacier, le cours d'eau. Et il sera utile de montrer comment l'association de tous ces détails, considérés comme des appareils, nous procure une notion nouvelle et singulièrement suggestive de la terre. Celle-ci se révèle alors comme un merveilleux organisme dont les parties sont ordonnées les unes par rapport aux autres avec une précision rigoureuse : chaque détail dépend de l'ensemble, dont, à son tour, il détermine les grands traits.

Pour le volcan, il convient spécialement d'insister sur son allure vraiment physiologique et qui contraste à première vue avec les catastrophes dont ses éruptions nous menacent. Quel touriste, parvenu sur le bord extrême du cratère du Vésuve, n'a pas eu le sentiment de la vie de la terre à l'audition de ces grands souffles souterrains, à la vue des orbes de fumées qui se tordent sur elles-mêmes comme dans un mouvement viscéral ? Et l'on conçoit bien les mythes panthéistiques des anciens donnant une âme à chaque portion de la nature.

L'éruption d'un volcan n'est point un accident : loin d'être une perturbation de l'ordre établi, c'est un acte sans lequel l'équilibre de l'ensemble serait immédiatement compromis ; et dont l'absence vouerait à une disparition inévitable la flore, la faune et l'humanité elle-même. Car l'éruption volcanique est un des résultats d'une circulation continue, grâce à laquelle des déplacements se font dans l'épaisseur du sol pour assurer l'apport, à la surface, de matériaux indispensables à la vie des êtres et de forces qui entrent dans le mécanisme du monde entier.

Appelée par la pesanteur dans les régions souterraines, l'eau superficielle s'insinue aussi bas que le lui permet la distribution de la chaleur, interne : la zone des roches qu'elle imprègne enveloppe d'une façon régulière une région trop chaude pour être mouillée, mais dont la limite supérieure recule progressivement vers le centre, au fur et à mesure du refroidissement spontané du globe.

Sous l'action de cette même cause primordiale et qui se rattache directement à l'origine et au mode de formation de la planète, le noyau interne se contracte peu à peu, et l'épiderme consolidé, forcé pour le suivre de se replier sur lui-même, se segmente en voussoirs qui glissent les uns par rapport aux autres, de façon à produire les accidents de relief de la surface, c'est-à-dire les montagnes.

A chacune de ces dénivellations du dehors, en correspondent nécessairement d'analogues pour la surface de séparation souterraine de la zone humide et de la zone très chaude située plus bas. Dès lors, des roches imprégnées d'eau, recouvertes par glissement, le long des failles, par des roches venant de plus bas, subissent normalement un réchauffement qui détermine entre leurs deux parties constituantes, aqueuse et rocheuse, une association bien connue et qui n'est autre que la lave foisonnante des volcans. Qu'une fissure mette en communication une semblable collection de roches refondues, avec de l'eau incorporée par occlusion dans leur masse, et l'inégalité des pressions interne et externe suffira pour provoquer la sortie de la lave et pour produire, même au moyen d'une très faible proportion relative d'eau, tous les détails de l'éruption.

Or celle-ci, et c'est le point essentiel, a pour triple résultat de décharger d'une partie des produits qui les encombraient les régions internes devenues plus étroites par contraction ; de déverser au dehors de la chaleur et de l'électricité qui entrent en jeu dans des phénomènes variés, et d'amener au jour des roches fort différentes des masses granitiques et des masses stratifiées, auxquelles elles viennent fournir un appoint indispensable de produits vitaux, comme l'acide carbonique, la chaux, la potasse et le phosphore. Et c'est un contraste saisissant que l'étonnante fertilité des régions volcaniques, qui vient si rapidement étaler la végétation la plus luxuriante sur les points récemment ravagés.

Dans cette série d'actions concordantes, une circulation des roches massives vient s'ajouter à la circulation des laves et des poussières volcaniques et contribue, dans une très large mesure, à l'évolution de la surface terrestre. Les recouvrements souterrains dont nous parlions, réalisés sur les lignes de failles et continués progressivement, à coups de tremblements de terre, physiologiques eux aussi comme les éruptions volcaniques, poussent à des altitudes variées des masses rocheuses devenues des sommets montagneux et désormais soumises aux atteintes de toutes les intempéries. Leur substance désagrégée est l'étoffe même de nouveaux sédiments qui vont combler dans les bas-fonds océaniques les dépressions causées justement par les poussées qu'elles ont subies. Et c'est là une forme, entre beaucoup d'autres, des phénomènes évolutifs que nous pouvons rattacher à la fonction corticale, c'est-à-dire à l'ensemble des réactions dévolues à l'épiderme du globe, mince, assez flexible, très fragile pourtant, et qui doit à chaque instant s'accommoder des varia-lions d'ampleur du noyau qu'il enserre.

C'est une des découvertes les plus frappantes de la géologie que l'âge très divers des chaînes de montagnes et que les traits de leur distribution relative dans les grands blocs continentaux. On peut résumer en deux mots cette distribution en disant que les ridements orogéniques sont approximativement parallèles entre eux et qu'ils se sont produits successivement de plus en plus loin d'un point qu'on doit regarder comme le pôle du phénomène.

Dans le massif continental représentant le vieux monde et qui consiste dans l'union de l'Eurasie avec l'Afrique, on constate que, dès les périodes sédimentaires les plus anciennes, un soulèvement, dit archéen, s'était fait dans les régions de l'Extrême-Nord et que, successivement, les chaînes se firent ensuite de plus en plus au Sud : pendant les temps siluriens, sous la forme des Grampians et des Alpes Scandinaves, à la fin de l'ère primaire, sous la forme des monts de Bretagne, des Vosges, des Sudètes et de l'Oural, vers les temps tertiaires, sous la forme des Pyrénées, des Alpes, des Carpathes, du Caucase et de l'Himalaya, enfin, en des temps tout voisins de nous, sous la forme de l'Atlas, de l'Apennin, des îles de l'Archipel et des reliefs de l'Asie Mineure.

Dans le massif continental constituant les Amériques, on reconnaît que les rides orogéniques sont, en général, parallèles à l'axe du continent et que les plus anciennes sont à l'Est pendant que les plus récentes sont à l'Ouest. Au temps archéen se fit la chaîne des Montagnes Vertes ; en même temps que nos Alpes Scandinaves, les Apalaches ; en même temps que les monts de Bretagne, les Alleghanys ; en même temps que les Alpes, les Montagnes Rocheuses ; enfin en même temps que les Apennins, la Cordillère.

Et voilà tout un ensemble d'actions qui se manifestent franchement comme s'étant continuées imperturbablement, sur un plan toujours le même, pendant toute la durée des époques sédimentaires. Voilà un ensemble d'actions qui nous fait assister, mieux que bien d'autres, à l'évolution du noyau et de la croûte terrestre, la contraction du premier entraînant l'autre dans un ridement dirigé d'une façon uniforme dans une même direction. Si l'on considère que la chaîne des Apennins, celle des Cordillères et même celle plus ancienne des Alpes témoignent, par des signes certains, que leur soulèvement n'est point terminé aujourd'hui, on concevra comment le phénomène orogénique, malgré le caractère cataclysmique qu'on a été si naturellement porté à lui attribuer tout d'abord, est une manifestation essentiellement normale de l'économie fondamentale de la terre.

Les tremblements de terre, dont les soulèvements montagneux s'accompagnent, remplissent eux-mêmes une fonction nécessaire dans l'évolution générale : par eux se dépense une partie de l'énergie contenue dans les masses profondes. Les uns marquent le moment où se trouve dépassée, lors des efforts qu'elle subit, la limite de flexibilité de l'écorce terrestre ; les autres reconnaissables à leur fréquente répétition sur les mêmes points, tiennent aux précipitations de blocs rocheux imprégnés d'eau dans l'épaisseur de failles convenablement disposées. Cette remarque explique les liaisons fréquentes des mouvements sismiques avec les convulsions volcaniques.

C'est encore à la fonction corticale que se rattache la concentration des océans dans des bassins qui, pour être vastes, n'en sont pas moins circonscrits et ont laissé en dehors de leurs limites les régions surélevées qui, à l'état d'îles et de continents, sont devenues les lieux propres à l'apparition et au développement des flores et des faunes subaériennes et de l'humanité elle-même.

La localisation des mers est d'ailleurs essentiellement provisoire : les déformations incessantes de la croûte terrestre déplacent les eaux constamment et, comme on l'a dit si bien, les continents émigrent sans relâche à la surface du globe L'engloutissement de l'Atlantide menace tous les pays et de toutes parts de nouvelles terres s'apprêtent à sortir des flots pour remplacer les régions submergées.

Pendant les progrès de ces modifications, les êtres vivants se déplacent peu à peu, sans conscience de la généralité du phénomène auquel ils obéissent, et les étapes de la civilisation se succèdent, comme elles le feraient au sein de la demeure la plus stable.

C'est l'occasion d'insister sur la coexistence de ces deux chronométries illimitées qui règlent, l'une les événements humains et l'autre les phénomènes géologiques.

Section IV

Les considérations auxquelles nous venons d'être amenés dans le domaine de la chaleur souterraine, trouvent facilement leur exact pendant quand il s'agit du froid extérieur de la terre, et le glacier est un symétrique du volcan, au double point de vue des circulations qu'il réalise et des conditions spéciales qu'il fait subir aux régions sur lesquelles il a exercé son action.

Le glacier, c'est encore un véritable appareil physiologique. Il résulte avant tout de l'énergie solaire ; mais il tire la plupart de ses caractères des deux centres d'activité souterraine reconnus tout à l'heure, la pesanteur et la chaleur interne.

Les hautes régions de l'atmosphère sont à une température inférieure à zéro. Même en été les aéronautes y rencontrent de petits cristaux de neige, qui d'ailleurs se fondent et disparaissent en tombant dans les couches inférieures et plus chaudes de l'océan gazeux. L'activité corticale ayant poussé en bien des points des supports rocheux jusqu'à de grandes altitudes, la neige s'y est accumulée et, par les transformations connues de tout le monde, est devenue l'origine des glaciers.

Ceux-ci sont essentiellement éphémères. Par le seul fait de leur existence et de leur action sur les roches qui les supportent, ils deviennent les artisans de leur propre suppression plus ou moins rapide. Sans qu'ils aient par eux-mêmes le pouvoir d'attaquer les roches, la glace étant trop tendre, ils arrivent à couper les montagnes par la friction des particules pierreuses qu'ils charrient sous eux et auxquelles leur énorme poids communique une faculté de pénétration considérable. En outre, ils donnent aux agents ordinaires de l'intempérisme une activité toute nouvelle et, autour d'eux, les masses rocheuses se désagrègent avec d'autant plus d'activité que les glaciers déblayent le terrain des débris produits, ailleurs si efficaces pour retarder l'attaque des portions vierges des montagnes.

En conséquence de ces dispositions, un sommet garni de glaciers s'abaisse très vite et répand, autour de lui et jusqu'à une grande distance, les fragments arrachés à sa propre substance et que charrient dans tous les sens les torrents, les rivières et les vents. Aussi, au bout d'un temps relatif, voit-on se réduire la surface des régions situées assez haut pour constituer des cirques de condensation et d'accumulation de neige ; l'alimentation des glaciers va donc en diminuant et, malgré les incidents qui peuvent compliquer l'histoire de chaque vallée, et en première ligne les incidents de capture, les glaciers diminuent peu à peu, restreignent leur cours, édifient successivement des moraines de moins en moins éloignées de la partie axiale de la chaîne et, finalement, disparaissent pour laisser le champ libre à la végétation et aux autres manifestations d'une climature plus clémente.

Successivement, chaque massif montagneux présente les étapes de cette évolution glaciaire et on sait comment des observateurs, trop pressés et non suffisamment pénétrés du caractère éminemment progressif de l'évolution terrestre, ont conclu de la rencontre de semblables traces, en maintes localités pourvues les unes après les autres du relief montagneux, à l'ancienne extension simultanée de glaciers sur la plus grande partie de la surface terrestre.

Mais ce qui doit nous arrêter surtout ici, c'est le caractère circulatoire de la fonction glaciaire, symétrique, répétons-le, de la fonction volcanique. L'eau, des deux parts, est le moteur et, des deux parts, des masses rocheuses sont entraînées à de grandes distances, tendant à réaliser des brassages de matériaux dont profite directement la composition des zones épidermiques du globe, magasins alimentaires des êtres organisés.

Le déplacement géographique des glaciers est du reste une particularité elle-même physiologique rappelant la migration des continents constatée tout à l'heure ou le déplacement progressif des lignes d'activité volcanique. Nous retrouverons le même trait dominant à propos d'autres chapitres de la géologie générale.

Successivement, la Péninsule bretonne, le Plateau central, les Vosges ont eu leurs glaciers, comme successivement aussi, l'Ecosse, le Morvan, le Tyrol, l'Auvergne, ont eu leurs volcans ; et, chose remarquable, c'est en conséquence du développement de l'action corticale que des localités diverses se sont trouvées, les unes après les autres, en possession soit de l'altitude nécessaire au développement des glaciers, soit de la structure souterraine déterminante des volcans. C'est là une circonstance générale digne de la plus haute attention que, si à chaque période les mêmes mécanismes remplissent les mêmes fonctions, à chaque fois, c'est dans des localités spéciales ; de sorte que, au bout d'un temps convenable, tout point de la surface du globe a subi les diverses conditions physiologiques possibles.

A propos de glaciers, comme à propos de volcans, il faut se rappeler la fragilité des appareils qu'ils mettent en œuvre. Il suffit d'un temps relativement court pour qu'un cratère soit éparpillé, effacé à tout jamais, et une promenade en Auvergne suffit à montrer les progrès vers la suppression, des anciens vestiges volcaniques. Pour les glaciers, il en est de même et, par exemple, les zones des roches moutonnées qui enserrent les mers déglace de nos Alpes témoignent bien, par l'état d'usure de leurs régions supérieures, qu'elles sont en voie de disparition. Certains traits de l'activité volcanique sont cependant très résistants, comme les coulées de roches et les lits de cendres stratifiées sous l'eau ; les traces glaciaires au contraire sont des plus éphémères et plus d'une fois on a cru les retrouver à tort dans des produits de phénomènes tout différons, par exemple dans des accidents de la dénudation ou érosion souterraine.

Section V

Ceci nous amène, par une transition insensible, à constater, dans l'enveloppe gazeuse de la terre, un vrai tissu, comparable à celui qui compose l'écorce solide et dans lequel les fonctions toujours renouvelées d'une physiologie proprement dite sont à l'œuvre sans relâche. L'air est essentiellement actif, et il détermine des effets aussi variés qu'on les peut supposer, depuis les déplacements purement mécaniques de particules mobiles jusqu'à des altérations chimiques profondes.

Comme agent de circulation des éléments constitutifs de la terre, l'océan aérien ne le cède en rien aux appareils précédemment mentionnés et l'on doit s'étonner qu'il y ait seulement si peu de temps que la géologie éolienne occupe dans la science la place qui lui revient légitimement. Maintenant, l'opinion est bien faite à cet égard et l'on sait que la masse atmosphérique arrache de toutes parts et sédimente en certains points des quantités colossales de matériaux pierreux.

L'état défectueux des vitres dont on éclaire les cabines, ide bains de mer, dans les pays de dunes, suffirait à lui seul pour montrer l'efficacité dénudatrice du vent charrieur de sable, même si l'on n'avait pas les mêmes preuves obtenues dans les laboratoires, sans compter les applications pratiques réalisées dans l'industrie, par exemple pour la gravure du verre. Ainsi s'explique aisément la forme de certains rochers de matières dures, vraiment sculptés et polis par le vent et présentant en maintes régions des formes aussi singulières que pittoresques. Et si le vent, par la collaboration des grains durs qu'il entraîne, se fait l'agent d'une dénudation qui peut prendre des dimensions colossales, c'est avec une intensité non moins grande qu'il devient, en bien des pays, l'édificateur de formations entières.

La lecture du livre de M. de Richthofen sur la Chine a donné, à l'égard du lœss, la notion d'une sédimentation atmosphérique aussi puissante que celle dont le fond des eaux est ordinairement le théâtre. L'air, en Chine, est empoussiéré de façon à expliquer la couleur jaunâtre d'où tirent leur nom le fleuve qui traverse le pays et la mer qui en baigne les côtes. Mais ailleurs, la contribution aérienne que reçoit le sol ou la surface de l'Océan n'en est pas moins de tous les instants et digne de fixer l'attention par ses conséquences dans l'économie générale.

C'est un lieu commun de dire que le Nil est le père nourricier de l'Egypte, mais c'est une assertion incomplète et rien n'est plus frappant dans la météorologie du pays que la collaboration active fournie à la sédimentation fluviaire par les apports éoliens. Dans l'intervalle des crues qui ont épandu sur la plaine le limon argileux, le *khamsin* apporte du désert des nuages de sable qui saupoudrent le sol et lui fournissent, en outre des substances utiles, un état physique particulier auquel se rattache un degré de perméabilité dont la valeur est décisive sur la production agricole.

Tout le monde sait comment cette alternance de lits argileux d'origine fluviaire et de dépôts arénacés de production atmosphérique, en donnant au terrain une structure feuilletée des plus caractéristiques, en fait un témoignage éloquent de la longue période depuis laquelle l'état météorologique actuel persiste en Egypte. Les archéologues, Linant, Mariette, et d'autres, ont trouvé, dans l'épaisseur de la formation mixte, des vestiges de fabrication humaine qu'ils datent à plus de trente mille ans ; la régularité de la structure du sol permet d'affirmer que, pendant tout ce temps, l'alternance de saisons identiques à celles d'aujourd'hui s'est continuée sans altération : ces trente mille ans sont donc compris dans la minute actuelle de l'évolution terrestre.

Ajoutons que ce n'est pas, et à beaucoup près, la seule occasion où la sédimentation éolienne ait contact avec la chronologie terrestre, car elle fournit des preuves bien précieuses de l'uniformité de régime et de manière d'être de l'atmosphère depuis les temps sédimentaires les plus reculés. De curieux échantillons nous fournissent des notions palpables de l'état de l'Océan aérien lors d'époques géologiques fort anciennes, et c'est au mécanisme éolien qu'ils sont dus. Ainsi, nous savons qu'à l'époque primaire, le soleil, en frappant des couches d'argile, les desséchait comme il fait aujourd'hui et les craquelait de façon à les réduire en écailles placées côte à côte, comme dans une mosaïque, mais séparées par des sillons qui mesuraient leur retrait. Si nous le savons, c'est qu'il est arrivé que le vent a charrié du sable dans ces sillons argileux, comme il en charrie encore, et que ce sable s'est plus tard solidifié en grès dont la forme est l'exact moulage des accidents primitifs. Or la grosseur des grains de sable, leur disposition relative, montrent que le vent de ce temps, si reculé qu'il soit, et qui nous a conservé cette sorte de soleil fossile, était tout pareil au vent de l'époque présente : constatation qui n'est pas si naïve qu'on croirait d'abord, car elle suffit à elle seule pour montrer la fausseté des vieilles idées sur l'intensité des phénomènes pendant les anciens âges du globe, comparée à celle des phénomènes actuels. A côté du « soleil fossile, » nous conservons dans nos collections des échantillons qui ont mérité au propre les qualifications pittoresques de « pluie fossile, » de « vent fossile, » de « pistes fossiles » et qui, dus sans exception au mécanisme de la sédimentation éolienne, viennent tous appuyer la conclusion précédente. Et il n'est pas inutile, pour marquer cette nouvelle étape de nos études, de constater encore que les temps antérieurs aux nôtres, aussi loin que nous remontions dans la série des époques sédimentaires, ont eu leurs volcans, leurs soulèvements orogéniques, leurs migrations de bassins océaniques, leurs glaciers, leurs phénomènes atmosphériques, intimement comparables aux nôtres : la liaison des uns aux autres est même si complète qu'il n'y a place nulle part pour une interruption.

Section VI

L'examen très rapide des phénomènes auxquels préside l'activité océanique va renforcer encore cette conclusion si frappante. De tous les organes dans lesquels on peut réduire l'anatomie tellurique, le bassin des mers est celui dont la fonction est le plus facilement sensible. On assiste pour ainsi dire au double travail que le flot poursuit sans relâche : la démolition de ses falaises et l'accumulation de sédiments dans sa profondeur. La mer est le grand laboratoire géologique. Mais ce qu'il importe de faire ressortir ici, c'est que sa manière actuelle de procéder ne diffère aucunement de son ancienne allure et qu'il n'y a jamais eu d'arrêt dans son labeur.

Dans cette direction, les notions le plus facilement intelligibles concernent les caractères variés que revêtent les diverses portions d'une même formation marine, en conséquence des conditions spéciales de chacun des points où elle se produit. C'est proprement ce que, depuis Gressly, on désigne sous le nom de *faciès*, et il est d'une haute portée de noter qu'on peut retrouver dans les formations anciennes, par comparaison avec les dépôts contemporains, des preuves que la mer avait déjà les mêmes caractères essentiels qu'aujourd'hui. Sur ses rivages se déposaient des galets de la dimension de ceux d'à présent et il y vivait des catégories spéciales d'animaux, dits côtiers, dont nous avons les analogues ; en maints endroits, des lagunes permettaient le conflit littoral entre l'eau douce et l'eau salée et c'est même ainsi que se sont constitués tant de gisements de sel gemme et de gypse, dont

24

nos marais salants d'aujourd'hui ont permis d'élucider l'histoire. Ailleurs, les cours d'eau se déversant dans le bassin océanique y constituaient des deltas tout pareils à ceux de nos fleuves et où les éléments concourants subissaient des triages, d'où fréquemment est résultée la constitution de gisements fructueusement exploitables : par exemple, quelques dépôts houillers.

L'occasion est même exceptionnellement favorable pour revenir, afin d'en montrer l'inexactitude flagrante, sur l'ancienne théorie qui accusait un abîme entre les phénomènes du passé et les travaux actuels de la nature. Elie de Beaumont posait en fait que l'ère actuelle est caractérisée par la production des deltas, détails de la physique du globe que n'auraient pas connus les temps antérieurs au nôtre. Nulle preuve ne saurait être meilleure, pour fixer l'opinion que se faisaient nos pères de l'évolution de la terre, ou plutôt de l'absence d'évolution dans son histoire. Car, pour qu'il ne se produisît pas de deltas, il faudrait que les cours d'eau, comme les mers, eussent obéi à d'autres lois que celles qui les régissent sous nos yeux. Cette distinction, qui plaisait à l'esprit systématique d'Élie de Beaumont, n'a pas été plus justifiée pour les deltas que pour les dunes, que pour les volcans à cratères, dont le même auteur faisait aussi des privilèges des temps présents. De ce côté encore, la continuité absolue des phénomènes, le développement lent et progressif de tout l'organisme terrestre, ont reçu une confirmation d'autant plus éclatante qu'elle a été moins spontanée.

Les faciès profonds, reconnus dans les dépôts des océans actuels, se sont retrouvés dans les formations de toutes les époques et on peut croire que la physique générale de la mer a constamment présenté les caractères qu'elle nous offre toujours. Si les êtres qu'elle a nourris de tous temps montrent à l'évidence, par leurs traits anatomiques, si voisins de ceux des bêtes d'aujourd'hui, que sa composition n'a jamais beaucoup varié ; de leur côté, les sédiments qu'elle a accumulés font voir que ses qualités physiques sont restées les mêmes.

Il faut bien reconnaître que la chimie de la mer n'est pas assez avancée encore pour nous permettre de rapporter à chaque époque tout ce qui lui appartient réellement ; les explorations scientifiques ont démontré qu'il se constitue, sur le fond des océans, une foule de composés qu'on n'aurait pas prévus, comme les concrétions manganésifères appelées *wad* et jusqu'aux zéolithes cristallisées. Mais nous voyons ces genèses minéralogiques s'accomplir par des procédés compatibles avec la persistance, dans les bassins marins, des conditions les plus indispensables au développement de la vie organique.

Pourtant, la comparaison des mers successives a montré, des unes aux autres, une variation continue de surface qui doit se rattacher à une variation de volume et qui révèle un trait essentiel de l'évolution planétaire. C'est qu'au cours de ses progrès dans le développement normal, la terre absorbe peu à peu, dans les pores de ses régions solides, les matières fluides, et l'eau avant tout, qui forment ses enveloppes : le fait mentionné plus haut, à propos des volcans, a sa confirmation ici, et la dimension colossale des océans siluriens, rapprochée de la surface des mers moins anciennes, suffit à démontrer que notre globe s'achemine fatalement vers un dessèchement complet.

Sans nous arrêter au développement, qui serait déplacé ici, de ce grand fait, il suffira de rappeler comment les études comparatives de la fonction océanique pendant les temps géologiques a conduit à l'espoir de constituer une paléogéographie. On s'est dit que, munis de moyens d'investigation propres à faire retrouver pour chaque mer ses points littoraux et ses points profonds, on aurait les éléments d'établissement de cartes géographiques relatives aux diverses époques géologiques. Les essais tentés dans cette voie ont été entourés, on peut le dire, d'une sympathie universelle, et, un moment, on a cru le résultat obtenu, au moins sur les points les plus importants. Toutefois, et le fait mérite d'être signalé ici comme se rattachant directement à la continuité de l'évolution terrestre, on s'est aperçu bien vite qu'on ne saurait, sans témérité, dépasser les limites d'indications extrêmement vagues. On peut bien reconnaître qu'à tel moment, il y avait une mer en une région géographique donnée, un point littoral en telle autre région, mais le déplacement des mers étant tout à fait ininterrompu, on n'a que d'une manière exceptionnelle le droit de joindre par un trait deux ou plusieurs points littoraux pour dessiner la direction d'une ligne de côtes. Aussi, les tentatives actuellement réalisées de cartographie paléogéographique doivent-elles être considérées comme très prématurées ; d'autant plus qu'il faut songer aux effets de l'érosion dont le sol a été le théâtre et qui a fait disparaître bien souvent les localités mêmes où les contours désirés auraient pu apparaître.

Ces considérations s'étendent aux grands lacs, et l'on sait comment le faciès lacustre peut, dans bien des cas, être sûrement caractérisé : il est fort intéressant de retrouver des lacs dans les temps sédimentaires les plus anciens et d'y découvrir les traces certaines d'une économie comparable à celle des lacs actuels.

Section VII

Où les documents semblent moins nombreux et laissent l'observateur moins renseigné, c'est dans la recherche de ce qu'il convient d'appeler le faciès continental.

Il nous importerait pourtant beaucoup, comme complément des études océaniques, de pouvoir dire avec assurance : tel point du globe était, à tel moment de l'histoire terrestre, soumis au régime continental. Or, il faut constater que la surface du sol exondé est soumise à un régime extrêmement particulier et dont les effets sont très différents de ceux qui se produisent dans la mer.

Sous l'influence de la circulation des eaux tombées du ciel à l'état de pluie, de neige, de grêle et même de brouillard, les roches épidermiques subissent des altérations qui les amènent à contribuer à la formation de la terre végétale. Celle-ci, essentiellement éphémère, mais toujours remplacée par l'effet des agents mêmes qui la détruisent, offre une persistance apparente qui la montre toujours présente sur un substratum rocheux en voie d'usure et de démolition continues.

C'est un spectacle plein d'enseignements que cette coexistence de deux conditions en apparence si contradictoires : la roche qui se désagrège et qui se dissout, et le revêtement qui reste là toujours, comme milieu propre à la vie des végétaux.

Le faciès continental est avant tout indiqué par le manteau de sol arable, mais on ne peut guère espérer retrouver des terres arables de tous les âges, surtout sur des surfaces un peu notables.

Il en est cependant quelques-unes, et l'on peut rappeler les exemples classiques du *dirt-bed* de l'île de Portland, et des forêts, enfouies debout, dans le marbre carbonifère des falaises du Gap Breton : exemples dont l'histoire nous est complètement révélée par l'affaissement actuel de nos côtes de Basse-Normandie et de Bretagne sous les eaux de la Manche, qui vient étaler ses sables sur le sol non modifié de forêts submergées.

Mais ce sont là des exceptions si rares qu'on serait autorisé à les négliger tout à fait, et il faut reconnaître que la reprise de possession par la mer d'un territoire où s'était plus ou moins longtemps établi le régime continental, s'accompagne d'ordinaire d'un écroûtement du sol où disparaissent la terre végétale et ses accessoires.

Or, — et c'est une découverte dont les conséquences seront importantes, — il se trouve que le fait de constituer une région exondée se traduit, dans bien des cas, par une modification progressive du sol qui peut s'étendre à plusieurs mètres de profondeur, persistant malgré de nombreuses influences postérieures et constituant dès lors un trait permanent du faciès.

Pour le comprendre, il suffit de se pénétrer de l'un des phénomènes les plus activement réalisés de la physiologie tellurique, dans tous les pays soustraits au recouvrement océanique et dont l'agent effectif est la nappe aqueuse tombée directement du ciel et infiltrée dans les matériaux perméables de la surface : cette nappe d'eau, que nous avons montrée contribuant à appauvrir les anciennes formations de leur calcaire et qui, encore, y agit surtout par décalcification.

La pluie, chargée, comme on sait, de l'acide carbonique et de l'oxygène dissous que lui a procurés son passage dans l'atmosphère, arrive dans le sol avec des énergies chimiques variées : elle corrodera et entraînera les matières calcaires ; elle peroxydera les substances ferrugineuses. C'est ainsi qu'une région continentale subira nécessairement, pourvu que son sol superficiel ne soit pas tout à fait imperméable, les deux effets associés de la décalcification et de la rubéfaction.

On rencontre des localités, par exemple dans le département de l'Orne, non loin de Mortagne, où cette action s'est continuée au travers du sol sur plus de vingt mètres d'épaisseur : des couches initiales de craies, très variées dans leur composition, se sont réduites, par voie de dénudation souterraine, à des assises très minces, mais très exactement superposées les unes aux autres, d'argiles et de sables, dans lesquelles ont persisté des fossiles précédemment silicifiés. On peut conclure des fortes dimensions de ces formations qu'il y a longtemps maintenant que le régime continental agit sur elles.

Nous pouvons retrouver dans le passé, et à toutes sortes de moments de l'évolution terrestre, des effets résultant de ce même mécanisme et nous signalant, pour des époques très diverses, des points qui furent soumis à l'action de la pluie et qui par conséquent étaient exondés. Parmi les plus remarquables, à cause de l'application industrielle qu'on fait de leurs produits, il faut mentionner les lits plus ou moins continus, et toujours minces, de rognons et de débris phosphatés très recherchés pour les besoins agricoles. C'est là le résultat d'un travail souterrain de concentration, comparable à celui réalisé dans les usines métallurgiques, et qui a substitué des gîtes richement dotés à d'épaisses assises où la substance précieuse était trop disséminée pour que la récolte en fût lucrative. Et la même observation, déjà faite précédemment, s'impose encore ici : à savoir la certitude avec laquelle nous constatons la continuité, à travers toutes les périodes de l'action étudiée et l'activité incessante du milieu géologique.

Du reste, à cette action chimique si activement réalisée, la nappe épipolhydrique ajoute, dans tous les cas, une série d'effets purement mécaniques, et entraîne les particules suffisamment fines du sol, intervenant de la sorte comme l'agent le plus efficace de l'évolution de la morphologie du relief.

Le profil du terrain, le paysage si l'on veut, est essentiellement provisoire. A chaque instant, il se modifie, et les contrastes les plus complets peuvent se succéder au même point, sans que des causes particulières soient intervenues pour expliquer de semblables transformations. Par le jeu de l'intempérisme, et à cause des résistances très inégales que lui opposeront les diverses roches associées dans un même terrain, des reliefs pourront peu à peu remplacer des dépressions, et inversement.

Une promenade en Auvergne, auprès de Clermont-Ferrand, suffit pour mettre en évidence des faits de grande importance. On y voit des collines qui, constituées d'assises sédimentaires dans la plus grande partie de leur hauteur, sont brusquement terminées par un couronnement basaltique : une table de roche volcanique, parfois débitée en colonnades pittoresques, leur donne une allure caractéristique. L'une de ces collines n'est autre que cette Gergovie si glorieusement célèbre par la résistance de Vercingétorix.

Or, en examinant la constitution de ce beau pays, on trouve que le chapeau basaltique de Gergovie est un lambeau encore persistant d'une coulée de lave qui, durant une époque géologique antérieure, s'est épanchée d'un cratère situé sur le plateau granitique voisin et a suivi la pente du sol à la façon d'un cours d'eau. Ainsi, tout d'abord, le basalte tapissait une dépression d'où il avait vraisemblablement chassé un ruisseau. Maintenant, c'est l'inverse, et ce dépôt, cantonné d'abord le long d'un ancien thalweg, forme aujourd'hui une crête culminante. La raison en est tout entière dans la résistance du basalte aux eaux de surface, qui lui a permis de devenir une cuirasse protectrice pour les masses qu'il recouvrait et qui, en même temps, l'a constitué à l'état de « témoin » de l'énergique dénudation subie lentement par le pays : dénudation presque occulte, malgré l'importance de ses résultats, et qui prend, en bien des régions, une apparence qui sert de cause, à première vue, aux suppositions les plus étrangement erronées. En parler, c'est revenir aux considérations par lesquelles nous commencions cette étude, et il est impossible de s'y arrêter sans évoquer de nouveau le nom de Cuvier.

Quand le fondateur de la paléontologie a défendu son opinion, maintenant abandonnée, des révolutions du globe, il avait bien moins en vue les phénomènes anciens par lesquels l'édifice sédimentaire a acquis son épaisseur et sa complication, que les régions épidermiques du sol où sont étalées les traînées du « diluvium. » Si bien, que l'une des grandes préoccupations des observateurs qu'il inspira fut d'expliquer le creusement des vallées.

Or, la continuité du phénomène du creusement des vallées sans l'intervention d'aucun agent différent de ceux qui travaillent actuellement avec une intensité égale à tous les âges est une découverte féconde.

On n'a rien pu comprendre à l'acquisition, par le sol exondé, du modelé qui le caractérise, tant qu'on a isolé, pour le considérer à part, le filet d'eau qui, sous le nom de ruisseau, de rivière ou de fleuve, s'écoule à l'air libre entre deux berges plus ou moins fixes. La première chose dont il faille se pénétrer, c'est que l'agent à l'œuvre est une nappe d'eau continue, de même étendue et de même forme que le bassin hydrographique tout entier, et qui circule le plus souvent dans l'épaisseur même des roches perméables superficielles.

La vitesse de la nappe en chaque point et l'abondance de l'eau qui la constitue dépendent de la pente et de la forme du sous-sol imperméable et, selon les lignes où ces quantités atteignent une valeur suffisante, il y a entraînement de toutes les particules solides et apparition d'un filet d'eau coulant à découvert. De sorte qu'on se trompait beaucoup et qu'on avait mal compris le problème quand on voyait dans les cours d'eau les agents du creusement des vallées : ce sont, au contraire, les vallées qui, en se creusant peu à peu par le travail de nivellement des eaux cachées, arrivent à produire les cours d'eau.

La nappe superficielle agit d'une manière continue, dissolvant et entraînant ce qui est soluble et fin, déchaussant ce qui est plus résistant et lourd, et, en conséquence, variant d'allure à chaque instant, remaniant sans cesse aussi les produits charriés et leur imprimant une structure caractéristique.

On nous permettra d'insister sur ce fait singulier qu'on ne s'est avisé que tout récemment de soumettre la structure du « diluvium » à un examen attentif. Cet examen, en montrant avec quelle délicatesse chaque grain constituant est placé dans une situation déterminée, a suffi pour faire définitive justice de toutes sortes de suppositions, d'après lesquelles des actions violentes et exceptionnelles seraient intervenues dans le creusement des vallées. Nous avons la preuve désormais qu'ici encore l'allure des phénomènes a été continue, depuis les temps où les circonstances ont été favorables au creusement de vallées, et nulle part on ne saurait trouver un appui plus décisif aux doctrines actualiste et activiste.

Il y a lieu, en effet, comme dans plusieurs circonstances précédentes, de substituer la conception de phénomènes successifs en des points voisins les uns des autres, à celle d'actions brusques et simultanément relatives à des surfaces étendues. Le cours d'eau fluviaire se déplace lentement dans un sens transversal à la vallée qui le contient, en conséquence des variations locales de la nappe aqueuse dont il n'est qu'un détail, et il exerce ainsi son action dénudatrice spéciale sur une zone dont la largeur peut être bien des fois supérieure à la sienne. En se déplaçant, il transporte horizontalement les filets qui, dans sa masse, sont animés de vitesses parallèles différentes et avec eux, La faculté soit d'éroder le sol déjà constitué, soit, au contraire, de déposer à sa surface des matériaux charriés. De sorte qu'en chaque point, il y a alternance plusieurs fois répétée de ces régimes si différents et que les alluvionnements ne s'y continuent qu'au prix d'interruptions pendant lesquels ils sont corrodés d'une façon plus ou moins intense. Et, comme la direction du courant générateur varie avec le temps par rapport à l'axe même de la vallée dans laquelle se développent les méandres fluviaux, les dépôts successifs ont une structure qui est bien éloignée d'être toujours la même.

Il résulte de ces différentes circonstances que l'ensemble du sédiment fluviaire peut prendre une architecture en lambeaux intriqués les uns dans les autres d'une façon plus ou moins compliquée et qui établit comme un stéréogramme de toutes les vicissitudes du cours d'eau pendant la sédimentation. On est bien surpris de constater qu'une structure si frappante, mais, il vrai, tout à fait incomprise parce qu'on n'avait pas cru utile de l'examiner soigneusement, a été considérée par des spécialistes comme témoignant de l'origine torrentielle du « diluvium. » C'est un exemple des plus nets de l'efficacité d'une idée préconçue pour empêcher de voir sainement les choses. Et, d'un autre côté, la substitution du nouveau point de vue à l'ancien suffirait à elle seule pour faire définitivement renoncer aux doctrines violentes, si à la mode du temps de Cuvier.

Section VIII

Dans un grand nombre de circonstances, l'histoire de la couche aqueuse superficielle vient se raccorder avec celle de nappes plus profondes dont la circulation au travers des assises du globe rappelle, par bien des côtés, le mouvement des liquides nourriciers au sein des organismes vivants. Cette fois, la haute température des régions souterraines communique à l'eau des énergies chimiques spéciales, qui se traduisent par un grand nombre d'effets.

Sous leur influence, des dépôts d'abord amorphes ou terreux comme sont les vases accumulées dans les bassins sédimentaires, arrangent leurs éléments constituants et tendent à leur communiquer progressivement la structure cristalline. A cet égard, on peut faire une collection instructive, en réunissant des échantillons qui représentent les étapes successives de cette transformation, suffisante pour expliquer ce qu'il convient de comprendre sous l'appellation de phénomènes métamorphiques.

Il est important de constater qu'il n'y a pas eu, comme on l'a cru bien longtemps, une *époque métamorphique* ; tout au contraire, la transformation est parfaitement continue : elle commence, on peut le dire, dès qu'un sédiment est accumulé et elle se continue sans relâche, de sorte que chaque trait d'une roche donnée lui a été communiqué à un moment particulier, tout à fait distinct de la période d'origine et qui peut même en être fort éloigné. Il résulte aussi de là que les caractères observés aujourd'hui dans telle formation sont essentiellement éphémères et que, dans un avenir convenable, ils auront fait place à des caractères tout autres.

Pour préciser ce point, qui est de haute importance pour la théorie générale de la terre, nous pouvons résumer en deux mots l'histoire de ces matériaux argileux qui figurent parmi les dépôts les plus volumineux de l'Océan. A l'époque silurienne, la mer a déposé sur son fond une vase toute semblable à celle qui s'accumule dans tant de localités actuelles ; seulement, au lieu d'enfouir des débris de homards et de crabes, la boue antique a recouvert des carapaces de ces crustacés primitifs qu'on appelle des trilobites. La température du fond marin où ce dépôt prenait naissance pouvait être relativement basse, comme celle des abîmes de nos mers et les matières s'y sont conservées longtemps sans altération notable. Mais les sédiments ont continué à s'empiler les uns sur les autres : sur les vases siluriennes se sont étalées les formations dévoniennes, puis sont venus les dépôts carbonifères, houillers, permiens, triasiques, liasiques, oolithiques, crétacés, tertiaires, et, en bien des régions, il en est résulté, pour notre argile à trilobites, un recouvrement effectif de plusieurs kilomètres d'épaisseur.

A mesure que cet ensevelissement se poursuivait tout doucement, la couche considérée, étant progressivement éloignée de la surface du sol, et éprouvant de plus en plus l'influence de la chaleur propre de la terre, avait à subir l'action chimique de moins en moins nulle des eaux peu à peu échauffées. Sénarmont s'est illustré en nous apprenant ce que l'eau chaude peut faire en agissant sur des matières minérales analogues à celles dont les roches sont formées, et il n'y a qu'à consulter ses observations pour assister, par les yeux de l'esprit, au travail intérieur qui s'opéra dans le vieux sédiment : l'hydrosilicate alumineux qui constitue l'argile passa à l'état de composés parfaitement définis et cristallisés. Quand on examine un fragment d'ardoise au microscope, on est amené à reconnaître que, si des petits cristaux forment la matière presque exclusive du sédiment silurien, ils ne sont certainement pas eux-mêmes d'âge silurien : ils sont très postérieurs à cet âge, peut-être de plusieurs périodes géologiques entières, et ils représentent les témoins d'un moment où, dans la couche en voie continue de changement, se sont trouvées réalisées des conditions plus ou moins analogues à celles des expériences de Sénarmont.

Mais ce n'est pas encore tout, et il faut remarquer que le poids toujours croissant des couches successivement superposées à l'argile silurienne a agi de son côté pour en modifier les caractères. La pression verticale réalisée par cette accumulation a comprimé la couche plastique, et celle-ci a tendu à s'écouler horizontalement ; dans ce mouvement, les particules solides qu'elle renfermait, comme les petits grains de sable originaire, et surtout les petits cristaux de formation successive qui viennent d'être mentionnés, se sont couchés dans le sens même de l'écoulement ; la masse a pris ainsi sa structure feuilletée caractéristique. Nous en sommes bien sûrs, car l'expérience réalisée par Tyndall a permis d'imiter artificiellement la schistosité. Ici encore, l'acquisition de la structure propre des ardoises se présente comme un phénomène très progressif et évidemment très postérieur au dépôt de l'argile initiale : de sorte que le phyllade n'avait d'abord ni sa composition minéralogique ni sa structure, et que tous les caractères qui nous permettent de le définir lui ont été donnés, lentement et progressivement, par le jeu normal de la physiologie de la terre. C'est du reste là une conclusion à laquelle maintes observations nous ramèneraient, et il est bien nécessaire, pour notre thèse, de montrer qu'elle découle même de l'examen de roches auxquelles on refuse d'ordinaire la qualification de métamorphiques.

A ce titre, on trouvera un certain intérêt à l'examen d'une variété de minerai de fer qu'on exploite avec beaucoup de bénéfice aux environs de Nancy et qui est subordonné à l'existence des assises dépendant de l'époque secondaire dite toarcienne.

Quand on en étudie des échantillons, on est frappé de sa composition, qui consiste en oxyde de fer à peu près pur, et de sa structure, qui est entièrement en petites boules ou oolithes, agglutinées ensemble par très peu de substance conjonctive, et mélangées de quelques débris fossiles, coquilles bien reconnaissables, mais dont la substance, au lieu d'être calcaire comme à l'ordinaire, est entièrement ferrugineuse. Or, on arrive à s'assurer que cette couche a acquis, depuis le moment de sa formation, et sa structure et sa composition, de sorte qu'elle était au début essentiellement différente de ce qu'elle se montre à présent.

Quand elle s'est déposée, c'était une vase marine ordinaire, qui, soumise à la circulation des eaux souterraines, a « travaillé, » et, peu à peu, est devenue oolithique, comme il est arrivé également à d'innombrables assises jurassiques. Plus tard, le sol a été imprégné très progressivement, et sans doute pendant fort longtemps, d'une dissolution ferrugineuse pareille à celle qui circule de toute part dans les roches à l'époque actuelle, et celle-ci, épanchée au contact des roches calcaires, les a modifiées : les boules de calcaire sont devenues des boules de minerai, et l'on voit combien ont erré les théoriciens qui voulaient trouver dans les eaux de la mer toarcienne les qualités permettant le dépôt de tant d'oxyde de fer et la précipitation des grains oolithiques.

Il a paru utile de nous arrêter un moment sur la curieuse histoire de ces roches ferrugineuses, parce qu'elles représentent un type de formations variées qui font bien sentir la continuité des réactions souterraines.

Section IX

Apres la mention rapide de ces fonctions distinctes du mécanisme planétaire qui concernent la croûte solide, le volcan, le glacier, la masse océanique, l'atmosphère, la nappe aqueuse superficielle, et la nappe aqueuse profonde, il nous reste à dire quelques mots d'un dernier groupe de réactions dont les roches ont tiré une foule de leurs traits particuliers et qui se présente avec des titres exceptionnels à notre attention.

Il s'agit de l'ensemble des phénomènes réalisés par les êtres vivants, considérés comme formant un tout ayant à remplir une fonction géologique déterminée.

Pour bien sentir le rôle planétaire de la force biologique, le mieux est de constater tout d'abord combien sont intimes et variés, dans la géologie actuelle, les rapports des êtres vivants avec les roches : d'une part, ils travaillent très activement à détruire les masses minérales pour contribuer à la circulation de leurs éléments et, d'autre part, ils arrivent, par une série de procédés variés, à prendre un rang très notable parmi les agents de sédimentation.

Dans ces deux directions opposées, il suffira de rappeler mitres petit nombre de faits pour arriver aux conclusions que nous nous proposons d'établir.

Pour ce qui est de la démolition d'assises constituées, il est à noter d'abord que les végétaux inférieurs sont parmi les facteurs les plus actifs de la production du sol arable aux dépens des roches de toutes les catégories.

De leur côté, les animaux sont très habiles à désagréger certaines masses minérales : beaucoup d'entre eux sont même désignés sous le nom, du reste impropre, de *lithophages*. Du nombre sont, parmi les bêtes marines, les pholades et les oursins livides, qui savent se creuser des logettes dans les roches les plus compactes, les plus dures et les moins solubles ; — et parmi les bêtes terrestres, nos vulgaires escargots qui, en Algérie, comme dans le Midi de la France, se livrent à une vraie ciselure des roches calcaires, qu'ils réduisent parfois à l'état de dentelles, tant les perforations qu'ils y pratiquent sont rapprochées les unes des autres. Pour mémoire, il convient de rappeler les vers de terre, dont Darwin a signalé l'énergique collaboration à la désagrégation du sol cultivable.

Comme édificateurs de couches géologiques, les plantes et les animaux jouent un rôle dont Michelet a indiqué toute l'importance en donnant à certains êtres organisés le nom de constructeurs de continents. Dans les circonstances les plus simples, ils accumulent leurs dépouilles dans une localité qui s'enrichit par une vraie sédimentation biologique. Les récifs madréporiques, d'une part, les houillères du type tourbeux, de l'autre, suffiraient pour fixer les souvenirs à cet égard. Ici, comme il arrive bien souvent, la grande part appartient aux êtres les plus petits, et on peut, sur un même plan, citer des formations qui consistent, les unes en carapaces de diatomées, accumulées par milliards, les autres en amoncellements de coquilles de foraminifères ou de radiolaires.

Parfois, ces vestiges ne subsistent pas à la place même où vivaient les êtres d'où ils proviennent, et des charriages les ont concentrés en quelque localité d'élection : c'est ainsi que se sont formés les amas de coquillages exploités parfois comme engrais, et de vrais ossuaires dans lesquels des cétacés, comme à Anvers, ou des mammifères terrestres, comme à Pikermi, ont mélangé leurs innombrables débris.

Dans tous les cas, les plantes et les bêtes, en vertu de leurs propriétés particulières, ont réagi sur le milieu général pour en extraire la substance de nouvelles formations qui, sans eux, n'auraient point été constituées. Le polypier sait extraire de l'eau de la mer la matière pierreuse de sa charpente calcaire, comme la plante verte, par l'exercice de la fonction chlorophyllienne, sait provoquer, entre les éléments de l'eau et ceux de l'acide carbonique, une réaction dont l'un des produits est la cellulose, capable de se transformer par macération souterraine dans les différents termes de la série des charbons fossiles. Dans les deux cas, la force biologique intervient d'une façon directe et évidente, et l'économie de la terre est réglée maintenant de telle sorte que l'intervention de cette force est nécessaire au maintien de l'équilibre réalisé.

C'est pour cela que, chacun des groupes botanique et zoologique ayant sa partie spéciale à remplir dans l'ensemble, on voit, à chaque moment de l'histoire géologique, des formes correspondantes de plantes et d'animaux se succéder sans lacunes. Cette remarque donne, même toute sa valeur au rôle de la force biologique dans la physiologie tellurique. On constate de nouveau ici que les périodes qui ont précédé la nôtre ont eu, comme celle-ci, leur faune et leur flore, et, par les vestiges qui nous en sont parvenus en abondance, on peut juger que les êtres organisés s'y sont comportés comme ils se comportent aujourd'hui.

Toutefois, la correspondance d'une période à une autre s'associe avec la manifestation d'un perfectionnement organique général qui n'est pas douteux et avec une prédominance très inégale de certains groupes, qui doit avoir une signification supérieure. Malgré la présence dans chaque faune d'animaux très divers, le degré de perfectionnement des membres les plus élevés de l'ensemble s'élève d'une période à l'autre : au début, et pendant l'immense durée des temps cambrien et silurien, le premier rang est dévolu à ces crustacés, dits trilobites, auxquels déjà nous avons eu à faire allusion ; à la période dévonienne, cette forme animale, qui persiste cependant, s'efface devant les poissons représentés tout à coup avec un grand luxe de formes, mais réduits à se tenir cependant dans certains types peu nombreux si on les compare à ceux de l'ichthyologie plus récente ; c'est pendant les temps permiens que les batraciens s'affirment comme la manifestation la plus perfectionnée de l'animalité, et peu après, à l'époque triasique, les reptiles commencent la merveilleuse série qui doit atteindre son apogée vers les confins mutuels des époques jurassique et crétacée. Alors, ces animaux sont vraiment les « rois de la création ; » par la taille comme par la variété de leurs formes, ils se prêtent à tous les habitats et nulle qualification ne leur va moins que celle de reptiles, si justement infligée, au contraire, à leurs représentants actuels, profondément dégénérés. En plein terrain jurassique commencent les oiseaux ; mais c'est au début des temps tertiaires que ce groupe zoologique parvient à son apogée, qui dure jusqu'en des temps bien voisins de nous, et alors se montrent ces énormes animaux que les environs de Meudon et de Reims, les cavernes de Madagascar et celles de la Nouvelle-Zélande, nous ont révélés. Enfin, les mammifères, déjà ébauchés, pour ainsi dire, à l'aurore des temps secondaires, comme en un essai malheureux auquel la nature n'a pas donné suite longtemps, atteignent, pendant la période tertiaire, un état comparable à celui que nous avons noté pour les reptiles, et quand, à leur tour, ils subissent un effacement relatif, c'est précisément pour abandonner le premier rang à l'espèce humaine.

Cette série d'apparitions, si bien connue de tout le monde et dont on aurait le symétrique pour les formes végétales, méritait d'être rappelée, car elle a, à notre point de vue, une signification qu'il importe de souligner.

D'un côté, la correspondance mutuelle des diverses époques au point de vue des manifestations biologiques, — la présence simultanée d'une faune et d'une flore, l'existence constante d'animaux marins vivant les uns sur les lignes littorales, d'autres dans les profondeurs, etc., — témoigne, mieux que bien d'autres faits, de l'analogie réciproque des temps successifs en ce qui concerne les conditions générales du milieu terrestre, et c'est la répétition de ce que nous ont montré les fonctions étudiées précédemment.

D'un autre côté, la non-identité des faunes et des flores qui sont apparues les unes après les autres et leur perfectionnement progressif indiquent une modification continue de ce même milieu : indice certain de l'évolution dont la masse terrestre traverse les étapes ; conclusion qui a une portée de première valeur quant à la marche même de l'histoire du globe. Elle suffirait, en effet, faire justice, quand d'autres arguments ne la corroboreraient pas, de ces tentatives auxquelles reviennent fréquemment des théoriciens, et qui consistent à présenter la terre comme repassant périodiquement par des états comparables les uns aux autres. C'est une autre forme de la vieille théorie des révolutions, désormais impossible, et qu'on pense rendre plus acceptable sous un dehors différent. Si la périodicité dont on parle existait vraiment, la réapparition de faunes et de flores très ressemblantes en serait certainement le résultat le plus visible : or, rien de semblable ne se montre et, disons-le encore une fois, non seulement on ne voit pas de répétition, mais les manifestations biologiques successives affectent une sériation qui suffirait seule à démontrer la réalité du développement continu de la terre.

Reste à savoir comment, dans ce développement, peut s'expliquer l'apparition première des êtres vivants sur un globe jusque-là réduit à des productions purement minérales. On sait le nombre et l'éclat des diverses théories proposées sur cette question et nous n'avons nullement la prétention de résoudre un problème si difficile ; cependant, il semble qu'on puisse, à ce sujet, faire une remarque qui, en le contraignant à rentrer dans le cadre des autres chapitres de la physiologie tellurique, doive le rendre de compréhension moins ardue.

En effet, l'apparition des êtres vivants sur la terre pourrait à la rigueur être ramenée à la première intervention, sur notre globe, d'une entité dynamique, la force biologique, antérieure et attendant, comme mise en réserve depuis les commencements, que les circonstances de milieu lui soient devenues favorables. Sans doute, formulée en ces termes, l'opinion qui vient d'être résumée ne peut présenter qu'un très faible intérêt, et semblera essentiellement gratuite, dépourvue de toute vérification possible. Mais peut-être changera-t-on d'avis si l'on observe que d'autres groupes de forces paraissent avoir été dans le même cas et avoir donné des produits dont la signification est infiniment moins malaisée à apercevoir.

Au début, et pendant fort longtemps, notre globe fut exclusivement composé de matériaux fluides : c'étaient surtout des gaz et des vapeurs, peut-être des liquides, mais on peut facilement concevoir un moment où rien de solide n'existait dans l'architecture terrestre. Les progrès du refroidissement spontané de la masse planétaire amenèrent pourtant certains éléments à franchir la limite de l'état solide, et subitement une foule de forces réglées par des lois strictes et qui étaient sans emploi sur la terre entrèrent en jeu. Ce sont les forces que nous pouvons, pour simplifier, qualifier du nom de cristallogéniques et qui président à l'arrangement des molécules dans les édifices minéraux. On ne peut imaginer que ces forces n'étaient pas en puissance dans le monde, car elles avaient eu déjà à s'exercer dans maints milieux astronomiques et, au plus près, sur Mars, qui, plus âgé que notre terre, devait jouir avant elle de la possession de l'état solide.

D'ailleurs, les lois qui entrèrent en jeu au commencement de l'installation des matières non fluides, ne sont que quelques-unes parmi plusieurs, car nous savons que diverses catégories seulement de minéraux purent alors prendre naissance. Ce sont vraisemblablement des composés résultant de la réaction mutuelle de vapeurs à haute température qu'on est autorisé à regarder comme les constituants de la coque primitive du globe. Plus tard s'élaborèrent les substances dites de la voie sèche et qu'on imite dans les laboratoires en fondant des matières au feu. C'est plus tard encore, quand certaines régions de la croûte devenue enfin très épaisse réunirent des conditions favorables, que se constituèrent des minéraux du genre de ceux que nous trouvons dans les filons et dans les roches métamorphiques et qui se reproduisent exactement dans l'eau surchauffée. Enfin, il fallut attendre que des localités en fussent arrivées, par les progrès du refroidissement, à n'avoir plus que les températures qui nous conviennent à nous-mêmes pour que devînt possible l'élaboration d'une foule de corps que nous imitons par la méthode appelée voie aqueuse, parce que l'eau, non échauffée et à la pression ordinaire intervient nécessairement dans, leur reproduction. Il y a là une série de substances qui est comme le reflet ; sur chaque point, de la série des conditions successives qui s'y sont développées en conséquence de l'évolution tellurique ; et, sans qu'on ait pensé à faire dériver les minéraux les uns des autres, on doit cependant voir, dans leur ensemble, les termes successifs d'une même histoire.

On sent où nous voulons en venir : pourquoi ne pas faire pour les forces biologiques une supposition analogue à celle qui paraît si justifiée pour les forces cristallogéniques, et n'y a-t-il pas ici en effet matière à un développement symétrique ?

Un jour, les conditions générales du milieu terrestre se sont modifiées de telle façon que les forces biologiques antérieures, peut-être et sans doute déjà agissantes dans d'autres localités astronomiques, ont trouvé à s'exercer sur la matière de notre globe. Cela ne préjuge en rien la nature de ces forces, ni leur origine. Comme les forces cristallogéniques, mais à leur manière spéciale, elles ont groupé les éléments propres à subir leur influence, et les produits ont présenté des caractères strictement réglés par les conditions ambiantes. Si les diverses flores et si les diverses faunes successives diffèrent les unes des autres, soit par la non-identité des êtres correspondants, soit par l'apparition ou par l'extinction de certaines formes, c'est que le milieu a acquis des qualités nouvelles et qu'il en a perdu d'autres. Et si les termes de cette série biologique sont incomparablement plus nombreux que ceux de la série minérale, c'est qu'étant incomparablement plus sensibles, ils ont su refléter, par des modifications perceptibles, des altérations bien plus délicates dans le milieu général.

Cette conception a du moins pour conséquence de rejeter hors des limites du monde terrestre, et conformément au sentiment de plus d'un penseur, comme William Thomson et Henry Milne

Edwards, le problème de l'apparition initiale de la vie.

Quoiqu'il en soit des faits rapportés tout à l'heure, l'ensemble des êtres vivants mérite d'être considéré comme constituant l'un des organes de la physiologie de la terre, et cette conclusion, à laquelle il est impossible d'échapper, nous prépare à reconnaître que, sans porter la moindre atteinte aux missions plus élevées qu'elle a en même temps à remplir, l'humanité elle-même intervient dans la vie de notre planète comme un facteur particulier. De tout temps, mais avec une énergie qui a toujours été en croissant, l'homme a agi sur l'économie de sa demeure terrestre et lui a apporté des modifications incontestables. Pour ne parler que de ses travaux récents, il a desséché des mers, inondé des déserts, percé des montagnes, supprimé de grandes forêts et boisé de larges surfaces arides, de façon à transformer l'état météorologique de régions tout entières, comme l'isthme de Suez. Il a arraché aux entrailles de la terre des quantités de matières qu'il a fait entrer dans la circulation de la surface ; il a brûlé des volumes énormes de matières charbonneuses et déversé de ce chef dans l'atmosphère des torrents d'acide carbonique. A tous ces titres, on peut dire qu'il façonne le globe sur lequel il vit.

Section X

De ce qui précède, deux conclusions se dégagent d'elles-mêmes :

Partout s'efface la limite qu'on avait cru voir tout d'abord entre l'époque actuelle et les temps précédents.

Une intense activité règne sans relâche dans les profondeurs du sol. Sous l'influence des circulations qui ne s'y arrêtent jamais, tout y est en voie de changement continu, rien n'y est jamais définitif, ni composition, ni structure ; les éléments s'y remplacent comme dans un tissu organique et vivant, et les transformations s'y succèdent sans cesse.

Une fois qu'on s'est placé à ce point de vue activiste, on voit changer du tout au tout le sentiment généralement accepté quant à l'économie du milieu géologique : partout alors l'évolution se manifeste, non seulement dans les grands ensembles stratigraphiques, mais jusque dans les détails les plus menus, et l'on peut prévoir que la géologie générale recevra sous peu des accroissements successifs de la haute philosophie qui se dégage ainsi des observations même les plus circonscrites.

ISBN : 978-1981852970